AF224236

VUES & IMPRESSIONS D'ORIENT

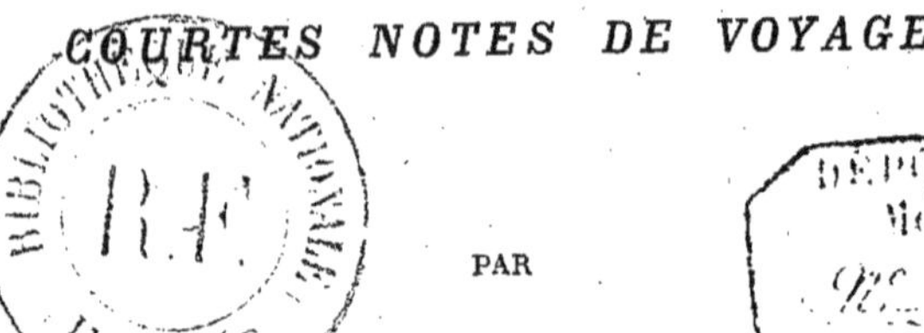

COURTES NOTES DE VOYAGE

PAR

l'Abbé A. LEFRANC

Licencié ès-lettres

VANNES

IMPRIMERIE GALLES, RUE DE L'HOTEL-DE-VILLE

—

1906

VUES & IMPRESSIONS D'ORIENT

COURTES NOTES DE VOYAGE

PAR

l'Abbé A. LEFRANC

Licencié ès-lettres

VANNES

IMPRIMERIE GALLES, RUE DE L'HOTEL-DE-VILLE

—

1906

VUES ET IMPRESSIONS D'ORIENT

A bord de l'Équateur, le 15 mars 1906.

Sur *l'Équateur*, gros paquebot des Messageries maritimes, nous sommes 58 pèlerins et pèlerines, qui ne se connaissent pas encore, au milieu de quatre cents autres passagers ou marins de l'équipage. Quel brouhaha ! Les machines grincent et nous assourdissent ; elles montent marchandises et bagages, au bout d'énormes chaînes de fer, qui s'enroulent et se déroulent avec fracas sur les cabestans... Tout à coup un grand silence !... Moment grave, majestueux, angoissant : c'est le départ !... Le bateau s'ébranle et bouge sous nos pieds. La pensée s'en va vers ceux que l'on quitte... pour combien de temps ? Dieu le sait...

La ville de Marseille s'éloigne lentement, doucement, dans son immense cercle de collines rocheuses. Le ciel sans nuages est cerclé à l'horizon d'une brume pâle et lumineuse, qui par contraste assombrit le bleu des eaux.

Salut à Notre-Dame de la Garde, qui montre là-bas sa statue d'or, au-dessus d'ondulations vertes, où blanchissent des milliers de maisons, *Ave maris stella !* Salut, Étoile de la mer ! *Monstra te esse matrem,* sois pour nous comme une mère, pour nous qui nous en allons vers les pays mystérieux où toi, la mère de notre Dieu, tu as passé ta vie humaine.

Nous longeons à gauche des falaises blanches et bientôt la terre s'embrume et se fond dans les lointains. Seuls deux goëlands nous poursuivent, comme pour nous porter le plus loin qu'ils peuvent le dernier adieu de la terre.

La première nuit passée en mer nous donne le sentiment vrai de notre faiblesse et de notre petitesse !... Nous sommes couchés dans des lits étroits disposés en étagères, sortes de cercueils superposés et ouverts d'un côté seulement. Qu'un accident arrive et nous serons au fond de l'abîme. Tout près de nous, derrière une frêle cloison, on entend les flots qui roulent et qui frappent le navire. Ils frappent toujours, sans fin. Ils frappent avec des grondements, où l'on sent des colères accumulées et mal contenues.

En mer, le 16 mars 1906.

Parmi les autres passagers, les pèlerins commencent à se trier et à se reconnaître : car nous nous trouvons réunis trois fois par jour à l'arrière du bateau pour dire le chapelet, chanter des cantiques ou entendre une conférence. Le soir nous nous rassemblons encore une dernière fois pour prier en commun, avant le repos de la nuit. Comme cette prière du soir est douce et fervente ! Je ne sais quoi de mystérieux et de touchant incline alors tous les cœurs vers Dieu, dont on sent mieux l'invisible main, quand on est perdu au milieu des ténèbres, dans l'infini des mers.

Notre pèlerinage est composé de deux Californiennes, une Irlandaise dix-huit Belges, un Hollandais, trente-huit Français et Françaises et six Canadiens, dont quatre prêtres, un avocat et un docteur médecin. Les hommes et les femmes sont en nombre à peu près égal : mais naturellement, parmi les femmes, ce sont les vieilles filles qui l'emportent, même en nombre. C'est vous dire que notre pèlerinage ne sera pas muet. Je n'ai pu les bien connaître toutes : mais celles avec qui j'ai eu plus souvent occasion de causer m'ont paru des personnes admirables de bonté, de délicatesse et de dévouement. Cela me rappelle le mot d'un de nos professeurs de séminaire : ne vous moquez pas des vieilles filles, elles font tant de bien dans les paroisses ! Pendant la grande révolution, ce sont elles qui ont bien souvent sauvé dans les familles l'instruction chrétienne et la religion.

Chaque matin, tous les prêtres du pèlerinage, au nombre de dix, sans compter Monseigneur Polard, notre directeur, peuvent dire successivement la messe à deux autels dressés dans *la batterie.* Pèlerins et pèlerines y assistent de plus ou moins bonne heure, selon que leur piété est plus ou moins matinale.

Notre premier lever de soleil sur la mer argente à notre gauche la chaîne neigeuse des montagnes de Corse. Tout est pur et diaphane, la mer immense et bleue, le ciel baigné de lumières douces et les montagnes harmonisant là-bas leurs cîmes dans les nues. Une élégante goélette vogue près de nous et semble heureuse dans le déploiement de toutes ses ailes.

Naples, 17 mars.

Une vaste baie encerclée dans une merveilleuse demi-couronne de maisons blanches, de riches palais, de dômes, de jardins verts, qui montent jusqu'aux cieux. Nous visitons la basilique de Saint-Janvier et plusieurs autres magnifiques sanctuaires : et bientôt, du couvent de San-Martino, nous contemplons l'immense golfe dans son idéale splendeur. A notre droite, c'est le Pausilippe, qui garde le tombeau de Virgile, le plus doux des poètes. Les terres très hautes d'un gris perle prolongent de ce côté la grâce de leurs courbes jusqu'au cap Misène, et plus loin, toujours à droite, c'est Procida, c'est Ischia,

> Ischia de ses fleurs embaumant l'onde heureuse.

A gauche le Vésuve montre sa masse de mille mètres couronnée de fumées blanches au milieu d'un poudroiement de riantes villas construites sur les ruines des passés détruits. De ce côté les terres se prolongent aussi dans les lointains aux nuances vaporeuses... et tout à coup l'île de Caprée, chère à Tibère, dresse ses rocs grisâtres : de là tombèrent par milliers les victimes, dont la chute et les cris d'agonie amusèrent la monotone existence du tyran romain.

Les regards reviennent toujours vers le Vésuve. L'éclat du soleil a éteint ses flammes rouges, que nous voyions avant l'aube, mais il colore de mille teintes les fumées de son panache aérien. Elle semble chanter, la bouche qui prononce seulement le nom des villes qui se pressent sur ces beaux rivages : Portici, Castellamare et Pæstum envoient leurs brises parfumées à Salerne et à Sorrente. Sorrente a inspiré les délicieux vers de Lamartine :

> Sur la plage sonore où la mer de Sorrente
> Déroule ses flots bleus au pied de l'oranger,
> Il est près du sentier, sous la haie odorante,
> Une pierre petite, étroite, indifférente
> Aux pieds distraits de l'étranger.

Nous remontons à la hâte en voiture et descendons vers le port : nous sommes en retard et notre bateau va partir : mais notre cocher veut nous égarer et nous exploiter.

Après mille ennuis, nous sautons dans un canot pour rejoindre notre paquebot, qui déjà s'ébranle au loin. Une fois sur l'eau nos tribulations ne sont pas finies : nos bateliers nous menacent et exigent de l'argent, beaucoup d'argent. Par bonheur nous avions nos revolvers et les gredins s'en étant aperçus se sont calmés. Quelles vilaines gens ! Le commissaire de *l'Équateur*, qui de loin avait vu la scène, voulait brûler la cervelle à ces bandits.

Lundi, 19 mars.

Le soleil nous montre l'île de Cythère à notre droite et fait resplendir à gauche les neiges du Taygète dans le beau ciel de l'Hellade. Cythère est aride et désolée, portant le deuil et aussi peut-être la punition de toutes ses infamies.

Nous sommes bientôt dans le golfe de Nauplie, dont les ondes s'avancent vers le nord pour baigner les campagnes où fleurirent jadis Argos, Tyrinthe et Mycènes. Quelques blancs oiseaux tournoient seuls sur cette mer bleue, qui fut jadis sillonnée par les vaisseaux de Ménélas et d'Agamemnon. Vers midi nous entrons dans le golfe d'Athènes. Quelle mer, quels cieux et quels rivages ! Le monde invisible des gloires passées enchante nos âmes. Nous avons doublé Egine, où mourut Démosthènes.

L'Hymette se dresse devant nous et commence cette chaîne de montagnes, qui se continue par le Pentélique et revient par le Pernès jusqu'à la mer, pour encercler une plaine qui tremble sous une buée transparente. Là fut Athènes : là se déployèrent ses splendeurs sous la protection de Minerve Poliade : là fut le centre des gloires antiques, la patrie des plus belles intelligences dont s'honora le monde de la pensée. Pendant que nos ancêtres construisaient leurs grossiers tumuli ou leurs lourds dolmens, c'est ici que Mnésiclès et Ictinos ont composé avec le marbre les poèmes qu'on appela le temple d'Erechtée, les Propylées et le Parthénon.

Nous gravissons avec respect la colline sacrée de l'Acropole ; avant de nous rendre aux lieux saints, nous faisons une sorte de pèlerinage aux sanctuaires de la beauté.

Entre les marbres disjoints du temple d'Erechtée, je cueille quelques pâles fleurs, lointains sourires d'un passé évanoui, et je rêve en regardant les rochers qui retentirent des accents de Démosthènes et de saint Paul... Ici l'Ἀθηνη προμαχος (Minerve protectrice) dressait son casque d'or : ici encore, dans ce théâtre de Διονυσος la poésie d'Eschyle et la poésie de Sophocle se sont livré combat devant un peuple capable de les entendre et de les juger. Plus de deux mille ans après, en ces lieux merveilleux, le même soleil nous donne la même fête de lumière... Sophocle n'est plus : Phidias n'est plus : Périclès n'est plus : mais leur esprit demeure avec leur gloire, qui embellira ces rivages pour l'éternité.

Smyrne, mardi 20 mars.

Smyrne ! La porte de l'Orient ! Toujours cette lumière indéfinissable qui nous a pour la première fois enchantés à Athènes. La ville s'étale au fond de son golfe aux eaux d'un vert pâle, et ses maisons montent, couvrant de leurs murs blancs et de leurs toits rouges les pentes d'une colline à double sommet. Comme des mâts sur une mer de blancheur et de verdure, les minarets dressent leurs longs cylindres. Ils portent tous aux deux tiers de leur hauteur une légère balustrade, qui semble un anneau ajouré sur un doigt à pointe très aiguë.

Près d'une mosquée nous nous trouvons sur une place étroite et pavée de lourdes dalles, c'est le marché des esclaves, où tant d'êtres humains ont souffert ; et quelque chose des scènes horribles qui se sont passées là pendant des siècles subsiste sans doute et restera longtemps comme un reproche et un remords pour l'humanité.

Voilà de grandes barres de fer, qui joignent des colonnes entourant un puits : c'est là qu'on pend les condamnés à mort : la semaine dernière, deux pendus se sont balancés là. Nous passons dans cette foule grouillante de Grecs, de Turcs, de Juifs, de Tartares, d'Arabes, d'Arméniens, d'Européens de toute langue et de tout costume, parcourant des rues bordées d'encombrants bazars et recouvertes de voûtes ou de toitures dont on voit les planches.

Nous respirons enfin un air plus pur et plus ami chez l'archevêque, qui nous fait asseoir et nous offre à la façon orientale des cigarettes et du café. Une dame prend une cigarette, croyant la garder comme souvenir : mais aussitôt le domestique qui les présentait fait craquer une allumette et l'offre tout enflammée à la dame, qui rougit et perd contenance... Plus tard, certains Messieurs, fumant sur le pont du bateau, demandaient à la même dame, avec une agréable malice, si cela ne l'incommodait pas.

Adieu Smyrne, tu es presque aussi belle que Naples et ton ciel d'orient te pénètre et t'idéalise comme Athènes.

Constantinople, 22 mars,

Au bord d'une mer sinueuse et d'un bleu que la lumière argente, tout l'Orient s'est donné rendez-vous pour former un monde de maisons peintes, de murailles à créneaux, de palais aux fines découpures, de tours blanches, de dômes à nervures dorées, de minarets effilés, longues lances de pierre dont la pointe se perd dans l'azur pâle..... Les flots mêlent leurs ondoyants circuits et la terre ses gris variés et ses verdures à cette féerie de lumières, de formes et de couleurs, dont le soleil à tout instant avive ou atténue les magnificences. Cet assemblage de tableaux fantastiques, aux insaisissables nuances, cette vision, qui déroule les contours irréels de ces lointains entre la terre et les cieux, c'est Constantinople.

Nous abordons à quai vers cinq heures du soir : immédiatement des soldats turcs viennent monter la garde près de notre bateau pour nous empêcher de débarquer. Nous sommes en Turquie. Comme nous nous trouvions à quelques mètres de cafés concerts vitrés et éclairés, nous pouvons le soir entendre chants et musique et même voir le spectacle : mais nous ne comprenons pas un mot à leur yalaïa, yalaïa... Ce que nous ne comprîmes pas mieux toute la nuit, c'est le langage de milliers de chiens qui prolongèrent leur concert jusqu'au matin. Ces chiens sont des employés turcs, en ce sens qu'ils sont seuls chargés du service de la voirie, dont les vrais Turcs ne s'occupent pas. Aussi, quand nous débarquons le lendemain, quelle saleté partout !

Pendant qu'on examine nos passe-ports au palais des douanes — palais en mauvaises planches disjointes — nous voyons tout à coup l'officier inspecteur quitter son bureau et fondre sur un inconnu qui se trouvait au milieu de nous .. Deux gifles retentissantes et un coup de pied quelque part font déguerpir l'intrus. Nous sommes en Turquie.

Malgré les chiens que l'on heurte à chaque pas, toutes les rues sont sales : les étalages de victuailles anticipent sur les chemins trop étroits, les enfants pauvres et déguenillés, les mendiants demandant bakchich, les marchands portant à dos toutes sortes de denrées, les ânes chargés de tripes saignantes environnées de mouches, tout cela remue, grouille, criaille ou bourdonne et surtout... sent mauvais. Nous sommes en Turquie.

Après une visite à Sainte-Sophie, où nous nous extasions un instant, après un coup d'œil jeté sur les monuments principaux, vite nous rentrons en France, c'est-à-dire sur *l'Équateur*.

Dans l'après-midi nous faisons une magnifique promenade en bateau sur le Bosphore, en passant devant Ydliz-Kiosk, le repaire verdoyant et fleuri où se cache le sultan rouge.

Vendredi, 23 mars, six heures du matin, à bord de l'Équateur.

A gauche, tout près du bateau, passe sur les côtes de la Troade un village qui apparaît et disparaît, comme un tableau peint, depuis quelque mille ans. Il avait encore sa citadelle et ses murs d'enceinte noircis par les siècles. L'aurore le trouvait toujours là pour le réveiller dans son vallon, où de maigres oliviers s'arrondissaient parmi les bruyères sauvages. Une petite ligne de peupliers indiquait la pente où coulaient les eaux, et une femme à la coiffure blanche remontait vers les maisons, portant une cruche sur son épaule, comme au temps d'Homère.

Excursion à Ephèse.

L'abbé Martin organise une excursion aux ruines d'Ephèse par un train spécial. Nous sommes une trentaine, dont deux Anglaises étrangères à la caravane. Pour la première fois nous pénétrons dans les campagnes de l'Orient. Les paysages variés se succèdent : les dames causent beaucoup. De longues lignes de chameaux fauves suivent lentement les sentiers perdus dans les plaines cultivées que bornent d'arides montagnes. Parfois un vieux château-fort découpe sur le ciel sa masse géométrique aux teintes blanchâtres, qui ressortent entre les tons foncés de la terre et la pâleur lumineuse du ciel. Un pélican, au-dessus de larges marais, vogue dans les airs comme une barque solitaire aux vastes rames, dont notre œil suit les balancements... Nous arrivons aux ruines d'Ephèse. De chaque côté de la voie se dressent les nombreux piliers d'un aqueduc en ruines : tous ont gardé leur place dans la ligne droite, mais chacun d'eux reste solitaire entre ses cintres écroulés : de loin en loin, à la pointe de leurs cimes, une cigogne rêve immobile comme une pierre taillée en forme d'oiseau.

Sur Smyrne plane le souvenir de saint Polycarpe : la pensée chrétienne, au-dessus des ruines désertes d'Ephèse, voit l'image de saint Jean et la très sainte Vierge. Tous deux y ont vécu, sans doute pauvres et ignorés, au moment où cette ville était dans sa gloire. Voici à moitié enfouis dans la terre les débris épars des somptueux monuments où se sont entassées les multitudes. Partout des ruines !... Cette moitié d'église, qui persiste à rester debout montrant ses riches sculptures byzantines, c'est l'ancienne basilique de Saint-Jean. Plus loin, du côté de la mer, d'immenses voûtes de souterrains sortent du sol : leurs cintres rougeâtres en briques forment des blocs qui ont résisté aux siècles et aux tremblements de terre. Nous avançons au milieu d'un désert jonché de colonnes brisées, de chapiteaux en marbre polis et ajourés à grands frais, de mosaïques vertes, blanches et roses, qui gardent sous nos pieds les couleurs vives de leurs tapis en pierre.

Un baptistère colossal d'une seule pièce en marbre blanc est étendu là, ruine dans d'autres ruines. Notre guide nous dit que saint Jean y baptisait : mais je doute qu'au temps de saint Jean le christianisme ait été assez répandu et assez florissant pour qu'on ait construit dès cette époque un monument si luxueux.

Voilà la scène en marbre blanc, et le *béma* et les gradins d'un théâtre pouvant contenir vingt-cinq mille spectateurs. Plus loin, c'est la bibliothèque avec ses statues et ses sculptures ayant encore la fraîcheur des œuvres nouvelles. Dans un marécage où sont enfouies mille colonnes naufragées, le fameux temple de Diane cache ses débris : il fut une des sept merveilles du monde. D'affreuses grenouilles grimpent maintenant sur les frises et les architraves, qui émergent à peine, comme honteuses de leur humiliation. *Sic transit gloria mundi.*

Comme Athènes, comme Smyrne et tant d'autres villes de l'Asie mineure, Éphèse couvrait une plaine entourée de hautes collines. Aujourd'hui des troupeaux de brebis poussent leurs bêlements tristes dans les lieux où tant d'êtres humains s'agitèrent, et nous y entendons quelques bergers, qui chantent et qui crient dans une langue barbare.

Rhodes, 23 mars.

Laudabunt alii claram Rhodon aut Mitylenen.

Ce vers d'Horace est venu chanter dans ma mémoire en voyant sur le rivage de Rhodes une jonchée de maisons blanches aux toits rouges et semées comme des fleurs dans une campagne verte. De vieilles murailles protègent la ville comme au temps des chevaliers. Pendant une heure nous avons circulé au milieu de fortifications enchevêtrées : nous marchions dominés par des échauguettes peintes, des créneaux gothiques, des merlons aigus, des moucharabis, des poternes, des bastions aux crêtes dentelées. Près de nous apparaissaient parfois des portes creusées comme des grottes dans des courtines massives : elles étaient surmontées de linteaux en relief et d'écussons féodaux rappelant que les défenseurs des Rhodes contre les Musulmans représentaient les plus grandes familles de l'Europe. Notre guide rappelait à nos mémoires les trahisons de d'Amaral, dont les Turcs honorent le tombeau et la honte : mais bien haut, bien au-dessus de ces souvenirs pénibles, plane dans l'histoire de Rhodes l'héroïsme des chevaliers et la gloire de Villiers de l'Ile-Adam.

Dimanche, 25 mars, trois heures de l'après-midi.

Apparition à notre gauche des cimes neigeuses du Taurus ! Une splendeur blanche sur un énorme piédestal d'un gris légèrement rosé : le tout repose sur la vaste mer, qui est sans voiles comme le ciel sans nuages.

Beyrouth, 26 mars.

Devant nous une zone de neige précise dans le ciel les contours anguleux d'une montagne, qui s'abaisse à droite et à gauche en pentes vaporeuses : c'est le fond d'un immense tableau. Par une série de sommets arrondis le paysage descend vers nous jusqu'à la mer, ou plutôt jusqu'à la ville de Beyrouth, qui forme un rivage dont chaque caillou est une blanche maison.

Une des gloires modernes de cette ville, c'est l'université fondée et dirigée par les PP. Jésuites : d'autres gloires plus modestes, mais, aussi elles, bien françaises et bien chrétiennes, ce sont les établissements des PP. Lazaristes et des religieuses de Saint-Vincent de Paul. La statue de ce dernier remplace sur un même piedestal un vieux Jupiter, qui certes avait fait moins de bien à l'humanité que le bon *Monsieur Vincent.*

Le lendemain, le chemin de fer nous fait monter à travers une féerie de paysages jusqu'aux sommets du Liban. La luxuriante végétation de l'Orient fait verdir sur une terre rougeâtre citronniers, palmiers, figuiers, mûriers, amandiers, pruniers et pêchers en fleurs, qui se groupent par jardins ou par champs, ou bien se mêlent sur des pentes capricieuses entre lesquelles coulent des eaux rapides. Des lignes de peupliers suivent le cours des torrents. Et nous montons pendant que s'ouvrent sous nos yeux des vallées plus larges et que les bois de sapins annoncent déjà des zones plus élevées et le voisinage des neiges. Beyrouth est toujours visible là-bas au bord de la mer.

La neige a fait son apparition de chaque côté de la voie : mais nous voyons derrière nous toujours l'immense paysage avec la ville au fond et plus loin la mer s'étend radieuse comme un autre firmament déployé sous nos pieds : ce nouveau ciel remonte dans des lointains indécis jusqu'à l'horizon où il s'unit et se confond avec le firmament réel.

A la station de Sophar nous franchissons les plus hauts sommets. On nous dit que les quelques cèdres qui subsistent encore sont dans des vallées plus à gauche, et que ces lieux ont été témoins des plus grands massacres de Syrie, en 1860.

L'immense et profonde coupure qui sépare le Liban de l'Antiliban, se creuse un abîme devant nous. Il fait chaud et pourtant nous avons des deux côtés de la voie des pentes neigeuses. La route de Beyrouth à Damas, qui suit presque la voie ferrée, nous montre à tout instant des caravanes de chameaux et d'ânes, qui passent lentement conduites par des hommes en robes bariolées et coiffés du fez ou du turban. Des champs de blés ou de vignes construits en gradins à force de travail sont cultivés par des Maronites, hommes et femmes, qui disputent ces cultures aux froids, aux sécheresses et aux éboulements.

Baalbeck, Dalmas, le Haouran.

L'ancienne ville de Baal ! Un monde de gigantesques monuments renversés tout à coup par un cataclysme, mais préservés contre les atteintes du temps et des hommes par leurs proportions colossales. A côté de Baalbeck, les autres ruines sont comme des émiettements de petites choses, comme les restes d'un travail de nain à côté d'une montagne écroulée. En voyant Baalbeck on se demande si l'histoire de notre terre est suffisamment connue et s'il n'a pas existé avant notre chétive humanité une race plus forte de Titans disparus. Les constructeurs de Baalbeck ne sont-ils pas plutôt ces géants dont parle l'Écriture ?...

La voie ferrée s'engage dans l'Antiliban comme un serpent de fer que rien n'arrête. Des montagnes qu'on dirait faites d'un seul bloc de pierre, où le rose domine, nous barrent la route à tout instant : mais le train passe par des fissures, par des tunnels, par des vallées, dont le fond étroit est fertile, mais dont les côtés sont d'affreux déserts nus et rocailleux. La couleuvre de fer nous emporte toujours par les ravins et les abîmes. Nous voyons accrochés aux flancs blanchâtres de certaines pentes quelques villages maronites. Les toits plats en terre battue se confondent avec le sol environnant. Chaque maison n'a qu'un côté où sont la porte et quelques rares fenêtres : l'autre côté est formé par la pente de la montagne.

Enfin la vallée du Barada, que nous suivions depuis quelque temps, s'élargit de plus en plus, avec la zone cultivée et verte qui borde chaque côté du torrent. Nous sommes bientôt dans la cité de saint Paul et de saint Jean Damascène, mais aussi dans la capitale où vécurent Saladin et la dynastie des Ommiades. Du sommet de la mosquée des Ommiades nous avons contemplé la belle Damas, la perle de l'orient, jetée là au pied des monts, au bord d'immenses déserts, dont les grises aridités font ressortir la verdure de ses arbres et les couleurs variées de ses maisons peintes. Depuis des siècles et des sècles, elle dort au bruit de ses eaux et attire, comme un charme, les longues caravanes, qui viennent vers elle des lointains pays de l'ancienne Palmyre et de la plus ancienne Babylone.

Nous avons prié dans la maison où saint Paul fut baptisé il y a plus de dix-huit siècles ; notre âme chrétienne a tressailli sous ces voûtes humides et dénudées, qui ont été comme le second berceau du christianisme.

Nous quittons Damas en prenant le chemin de fer de La Mecque. Les plaines succèdent aux plaines. Aucun arbre, aucun habitant n'apparaît ; mais la terre couverte parfois de blé nous dit que l'homme la cultive. Encore des plaines : celles-ci sont désertes. On dirait qu'il y est tombé une averse, dont les grêlons en pierre sont de la grosseur et de la blancheur des brebis : plus loin, ces grêlons sont plus petits et noirâtres : plus loin encore, les plaines cultivées s'étendent à perte de vue. Enfin nous apercevons de rares villages, qui ressemblent à des forteresses en terre.

Nous roulons toujours, perdus dans les plaines du Haouran et notre prévoyant directeur, qui savait que nous ne traversions pas le pays des bons hôtels, nous distribue, dans le train, du pain, du vin et de la viande froide. Inutile de dire combien nous apprécions ces attentions agréables et réconfortantes.

De Mzébir et Sanak, un mauvais chemin de fer ottoman, encore en construction, nous fait descendre une pente de 400 mètres, par d'affreux ravins, où coule l'ancien Hipponax. Le lendemain, un train d'essai comme le nôtre a déraillé faisant vingt victimes.

Nous entrons en Palestine par l'orient. Salut à la terre sainte !..... Une indéfinissable émotion nous saisit quand nous débarquons sur les rives du lac de Génésareth. De vigoureux bateliers, qui crient et qui gesticulent, nous transportent sur leurs barques jusqu'à la ville de Tibériade.

A la tombée de la nuit, plusieurs d'entre nous font une délicieuse promenade au bord du lac où Jésus a laissé d'éternels souvenirs. Je suis dans la compagnie de l'abbé Martin et de M. Besse. Un incident curieux interrompt notre recueillement. L'intrépide M. Besse a aperçu une sorte de crustacé dans l'eau, non loin du rivage. D'un coup de main vigoureux il parvient à le lancer jusque sur le sable de la rive, où nous le saisissons.

C'était un énorme cancre, que nous mangeons au repas du soir, en l'honneur de saint Pierre et de ses pêches miraculeuses.

Pendant la nuit, les souvenirs de Jésus, de Pierre et des apôtres prennent dans nos rêves des formes palpables et nous hantent d'une heureuse obsession.

Écrit à cheval, de Tibériade à Nazareth, 30 mars 1906.

Dès l'aurore nous quittons Tibériade, gravissant à cheval les pentes qui entourent le lac de tout côté. Le soleil se lève derrière les montagnes de Saphec : l'air s'éclaire doucement et vers l'orient les teintes roses et violettes des montagnes font contraste avec la verdure des collines que nous escaladons à l'occident. Le lac nous apparaît comme une immense coupe à moitié pleine d'argent liquide, aux parois formées mi-partie d'améthyste et mi-partie d'émeraude. A travers ce merveilleux pays notre caravane déroule ses lacets bigarrés, où domine le blanc des chevaux et le rouge des selles. Nous passons sur le champ de bataille de Hattin, où furent écrasés les héroïques soldats de Guy de Lusignan. Nous sommes ici en vue du Tabor, entre Nazareth et Tibériade, au centre de cette terre sacrée de Galilée, qui vit naître le christianisme : ici pourtant fut le calvaire des Croisés...

Le Tabor est un gigantesque tumulus parfaitement arrondi, dont es flancs sont couverts de fleurs et de broussailles. Sur ses pentes, nous croisons un pèlerinage de trois à quatre cents Russes, qui défilent exténués et d'aspect misérable : mais hommes et femmes ont dans leurs yeux comme un rayon de la grande espérance que Jésus a apportée à toutes les nations.

Nazareth, 31 avril.

Au bord de la plaine d'Esdrelon, protégée de tout côté par des montagnes assez petites pour être fertiles et verdoyantes, assez hautes pour être majestueuses, la ville de Nazareth est assise depuis des siècles, heureuse d'avoir occupé de toute éternité une place dans les desseins de Dieu. Là Jésus a passé presque toute sa vie terrestre. C'est ici qu'enfant il a grandi comme les autres enfants : il a respiré cet air, bu de l'eau de cette fontaine : les sentiers de ces collines ont fatigué ses pas. Il a vécu ici pendant près de trente ans, inconnu et pauvre, avec saint Joseph et la sainte Vierge ! Nazareth, comme toutes les villes de Palestine, a été entièrement bouleversée et défigurée dans le cours des siècles : mais l'aspect général d'un pays ne change pas : les mêmes paysages, les mêmes arbustes et les mêmes fleurs continuent à y charmer les yeux. Maisons, monuments et forteresses, tout est souvent renversé et détruit : les ruines succèdent aux ruines, les tombeaux aux tombeaux; mais les fleurs s'épanouissent toujours où Dieu les a semées, plus immortelles dans leur fragilité sans cesse renaissante que ces colosses de pierre où l'homme a mis en vain son espoir ou son orgueil.

En sortant du lieu où était jadis l'atelier de Joseph, nous avons devant nous le paysage qui a tous les jours rempli les yeux de Jésus pendant trente ans. Vision douce, moins grandiose que le panorama qui se déroule aux regards de ceux qui gravissent le versant nord, mais vision délicieuse ! La plaine d'Esdrelon est comme un lac de verdure derrière les collines qui enserrent Nazareth, et on devine sa présence comme celle de la mer derrière les falaises d'un rivage. Devant nous, les pentes aux contours arrondis sont couvertes de rouges anémones, de coquelicots, de pâquerettes, de cyclamens roses et d'iris couleur lilas : et chaque fleur apporte son petit point coloré qui se fond dans l'ensemble pour composer un tableau aux nuances les plus délicates et les plus variées.

Là-bas, vers le sud, le sommet aigu de la montagne dite *de la précipitation* se profile sur le ciel comme un promontoire. Jésus n'y fut pas jeté par ses furieux ennemis : il ne voulait pas que le pays de sa jeunesse rappelât aucun souvenir sanglant. Méconnu par les siens, il n'a pas maudit Nazareth, comme il a maudit Capharnaüm et Bethsaïda : car c'était le lieu où son âme humaine s'était ouverte aux premières impressions de la vie : c'était enfin le pays de sa mère.

On dit que les mourants voient passer devant leurs regards les lieux aimés où s'est écoulée leur enfance. *Dulces moriens reminiscitur Argos.* Ce sont sans doute les champs et les collines de Nazareth qui ont passé, comme une vision, devant les yeux du Fils de l'homme mourant pour nous...

Adieu, Nazareth ! Adieu, pays qu'enveloppe un charme surnaturel et où Jésus a laissé comme une empreinte de l'ineffable douceur de son âme.

Des larmes mouillaient nos yeux en quittant le pays de Jésus. N'était-il pas pour nous aussi, frères du Christ, comme une autre patrie ? Les pleurs que j'ai versés là seront un des plus doux souvenirs de ma vie. Comme Jésus, j'ai aimé Nazareth : ce nouveau pays natal avait pour moi un charme encore plus pénétrant et plus mystérieux que mon autre patrie, qui m'attendait là-bas, en Bretagne, au bord des vaporeux océans.

De Nazareth à Caïpha, 1ᵉʳ avril.

A notre gauche se déroule la plaine d'Esdrelon : là fut dit, après une victoire, le mot de Kléber à Bonaparte : « Général, vous êtes grand comme le monde. »

Le Carmel apparaît dans le lointain. Une petite chaîne de collines, que nous traversons et qui est couverte de fleurs et de chênes verts, est comme un avant-goût de la montagne des prophètes.

Avant d'arriver à Caïffa, autour d'une large citerne bordée de lourds granits, nous voyons un admirable tableau. Une quinzaine de femmes et de jeunes filles y sont venues puiser de l'eau : et les couleurs bleues, jaunes, rouges de leurs costumes, leurs poses diverses se détachent sur un fond d'oliviers et de palmiers verts, pendant que la mer d'un bleu brillant forme l'arrière-plan du paysage.

A gauche, c'est toujours la montagne du Carmel. Quelques rares villages s'accrochent aux pentes les plus voisines de la plaine.

Nous traversons Caïffa en voiture pour monter au couvent des Carmes ; il occupe l'extrémité occidentale de la montagne verdoyante, qui s'avance assez loin dans la mer. Pour nous souhaiter la bienvenue, le soleil couchant étale dans le ciel et sur les flots une féerique profusion de couleurs enflammées. Dans l'église du monastère, nous sommes heureux d'assister à un salut solennel. C'est sur le Carmel qu'Elie et les prophètes vivaient voilà plusieurs mille ans. Ces lointains souvenirs sont un peu absorbés en nous par un autre plus récent : nous songeons aux deux mille blessés français massacrés ici en 1799, après le siège malheureux de Saint-Jean d'Acre.

Traversée de la Samarie. De Caïffa à Djennin, 2 avril.

Le lendemain matin nous montons à cheval pour nous rendre à Jérusalem à travers la Samarie. Le gros de la caravane suivra la côte, pour atteindre Jaffa en voitures : nous autres, les Samaritains, comme on nous appelle, nous sommes dix, qui partons avec le Père Ignace, un drogman et quelques *moukres*.

Nous remontons d'abord la rive gauche du torrent de Cison. A chaque instant des aigles passent dans le ciel, planant sur les flancs du Carmel ou sur la plaine d'Esdrelon. Nous revoyons à gauche les montagnes de Nazareth et le Tabor. Près de nous, le lit du Cison est toujours marqué par une ligne sinueuse de roseaux, d'arbustes et de plantes aquatiques. Ce cours d'eau a vu un grand nombre de tueries humaines : car la plaine d'Esdrelon, qu'il traverse, est le champ de bataille tout choisi pour les armées qui montent de Palestine et d'Égypte vers le nord et pour celles qui descendent des hauteurs d'Arménie et de Syrie, afin de conquérir les pays du sud.

A midi nous nous arrêtons près d'une source remplie de cresson. La matinée a été un peu chaude et nos *couffiehs* flottants sur nos chapeaux ne nous ont pas été inutiles. Non loin de notre petit campement je découvre que ce qui semblait de loin un champ pierreux est un vieux cimetière. Les herbes cachent des milliers de tombes remontant à des époques inconnues. Les contours de chacune d'elles, des grandes et des toutes petites, sont dessinés par des pierres enfoncées en terre formant des ovales d'inégale dimension. Tout ce pays est maintenant désert : mais ici sans doute une ville a vécu jadis sa destinée et a disparu pour jamais. Seules, ces petites pierres sont restées là indestructibles pour en rappeler la mémoire à ceux qui traversent ces lieux désolés.

Pendant l'après-midi un vent assez violent nous fait retirer nos *couffiehs* : le ciel s'assombrit, nous essuyons quelques averses. A une demi-lieue de Djennin, un gué a été par les pluies changé en fondrière. Les chevaux enfoncent profondément dans la vase. Celui du drogman en a jusqu'au ventre. Il se dresse effaré : il va s'abattre en grand à droite ou à gauche. Le drogman désarçonné se jette du côté gauche et s'ensevelit dans la boue, pendant que le cheval retombe heureusement sur la droite. Tous deux se dépêtrent difficilement de cette boue collante et profonde. Les autres chevaux passent péniblement, mais sans accidents. Il n'en est pas ainsi des ânes. Deux de ceux qui portaient nos provisions s'embourbent dans ce marais. La nuit vient. Les *moukres* déchargent leurs bêtes et tirent sur leurs têtes et sur leurs queues. Ce n'est qu'après deux heures d'effort que gens et bêtes se dégagent enfin. Mais deux *moukres* et deux ânes sont si fourbus qu'ils ne continueront pas le voyage demain matin : ils resteront malades à Djennin.

En Samarie, mardi 3 avril.

Cette nuit nous avons entendu gronder l'orage et tomber de fortes averses. Nous remontons à cheval de bonne heure : le temps est froid et pluvieux : nous nous perdons bientôt dans un enchevêtrement de montagnes pierreuses et abruptes. Les sentiers sont difficiles. Nous ne voyions hier que de loin les fellahs qui cultivaient la terre dans la plaine d'Esdrelon : près de nous, dans le fond de quelques vallées, nous pouvons en examiner de plus près. Hommes et femmes sont jaunes, laids et nous regardent méchamment. Les hommes portent deux boudins noirs en laine autour de leur tarbouch : les femmes sont habillées en vêtements de couleurs très claires mais ternis par l'usure et la saleté.

De loin en loin quelques Bédouins nous croisent armés de fusils ou d'énormes casse-tête. On nous montre la vallée où une dame anglaise restée un peu en arrière de sa caravane fut assassinée, il y a deux ou trois ans. Quel affreux pays ! Tout y est sauvage et mauvais, les rochers, les ravins, les habitants et même les petites plaines qui, changées en marais par la pluie, semblent vouloir nous empêcher d'avancer. Sur notre droite apparaît l'ancienne Béthulie. Comme Mageddo, comme Tanack et beaucoup de vieilles villes de Samarie, dont il ne reste guère que des ruines, Béthulie semble construite sur un énorme mamelon rocheux et si régulier qu'il semble tout entier fait de main d'homme. Le sommet est aplati : de vieilles murailles en dessinent les contours. L'aspect de ces ruines ajoute encore à la désolation de la contrée. Elles apparaissent comme des visions dans un monde irréel, où l'on passerait en rêve. On croit voir des tableaux arrangés exprès pour représenter des pays déserts et maudits, et pourtant tout cela ce n'est pas un rêve, c'est bien la Samarie, le vieux royaume d'Israël.

La pluie tombe en averses violentes et de plus en plus rapprochées. Depuis six heures nous sommes sur nos chevaux. Où mettre pied à terre ? Des *moukres* envoyés à la découverte disent qu'on nous refuse l'hospitalité d'un toit pour nous abriter pendant notre repas. La pluie redouble de violence. Nos chevaux tournent le dos à l'orage et nous restons là, dans une vallée, regardant quelques oliviers, qui ruissellent comme nos bêtes et nos vêtements. Il fait froid : il faut continuer notre route. Nous passons près d'une maison : elle est inhabitée et manque de toit. Nous descendons vers un torrent. La pluie tombe toujours.

Enfin un moukre nous apprend qu'on veut bien nous recevoir dans une maison. Nous bénissons les bons Samaritains propriétaires de cette demeure. Mais notre drogman arrête nos louanges enthousiastes pour la charité samaritaine en nous disant qu'il nous faudra la payer très cher. Nous devrons en effet payer dix francs le droit de rester là une heure et de boire une cruche de mauvaise eau.

Descendus de cheval, nous nous installons dans une pièce sans aucun meuble. L'Oriental n'en a pas besoin : il porte sur lui toute sa garde-robe. La cheminée est absente : la batterie de cuisine n'existe pas. Ces espèces de Turcs cuisent leurs aliments sur une terrine pleine de charbons, qui enfume la pièce, et leurs mains servent de cuillères et de fourchettes.

Nos pieds sont froids et humides : nos vêtements dégouttent de pluie. On nous sert à la hâte quelques provisions apportées par de nouveaux moukres et nous remontons à cheval..... Il faut arriver à Naplouse avant la nuit.

Toujours les averses fondent sur notre caravane. Nous avons beau rire et chanter, notre bonne humeur ne change rien au temps, qui décidément montre un bien affreux caractère. Qu'on nous parle encore du soleil d'Orient ! Pourtant les programmes et les avertissements étaient précis. Portez des vêtements légers, autant que possible de couleur claire... Ayez une coiffe blanche à vos chapeaux... etc... etc... — Hélas ! le couffieh ou coiffe blanche est dans nos poches, tout trempé de pluie, comme nos souliers, comme nos bas. Tout est dans un état lamentable, tout excepté notre bonne humeur et notre énergie.

Toujours des mamelons pierreux, des montagnes qu'il faut gravir ou descendre. Quelques rares éclaircies entre les averses nous montrent de magnifiques paysages. Les tons rouges de la terre se fondent avec le gris noirâtre des rochers et le vert des plantes pour donner à tout le pays un indéfinissable aspect. Ici, nous dit tout à coup notre guide, en descendant des rochers, deux personnes sont mortes d'insolations, dans le dernier et l'avant-dernier pèlerinage. Nous continuons plus tristement notre route à tout instant retardée par les rafales.

De magnifiques colonnes découronnées de leurs chapiteaux se montrent en ligne dans des champs cultivés. Nous sommes à Sébaste, l'ancienne Samarie. On nous y fait visiter, je ne sais dans quelle mosquée, le prétendu tombeau de saint Jean-Baptiste. Des lignes de colonnes restées debout indiquent qu'autrefois une grande ville animait ces contrées, maintenant presque désertes. Les habitants de la Sébaste actuelle vivent dans de misérables huttes en terre et ils vendent aux étrangers les vieilles pièces de monnaie et les bijoux qu'ils découvrent dans ce sol où une grande ville est ensevelie.

Dans un lieu, que nous croyons désert, un grouillement d'enfants demi-nus sort tout à coup d'une hutte en terre par un trou de deux pieds de haut. Ces affreux petits démons gesticulent en montrant leurs dents et en criant : bakchich, bakchich !...

Après une rude descente dans des rochers mouillés et glissants, nous poussons tous des cris de joie. Devant nous, à droite, nous apercevons une route. Une route, c'est comme un bras du monde civilisé, qui s'est étendu jusqu'ici. Cette route conduit de Jaffa à Naplouse. Nous descendons plus rapidement et nos chevaux trottent et galopent vers Sichem. Les monts Garizim apparaissent à notre droite, l'Ébal à notre gauche. Nous galopons par groupe, croyant toujours arriver au but. Une nuée noire s'avance encore derrière nous. Il faudra essuyer cette nouvelle averse avant d'arriver. Nous pressons en vain nos chevaux : c'est sous des torrents de pluie que nous traversons Naplouse, la vieille Sichem, pour nous arrêter devant la porte du bon curé, qui doit nous offrir l'hospitalité.

Nous sommes bien reçus, mais hélas ! sans feu. Par grande faveur on allume pourtant un petit réchaud, qui doit servir à sécher les chaussures et les vêtements de onze personnes. Toujours par grande faveur, une demoiselle, la seule de la caravane, peut s'affubler du grand manteau du curé pour ne pas mourir de froid... A la guerre comme à la guerre !...

De Naplouse à Jérusalem, 4 avril.

Le lendemain matin nous sommes prêts d'assez bonne heure. Plus de soixante kilomètres nous séparent de Jérusalem. Nous devons les faire dans la journée. Nous chevauchons entre l'Ébal et le Garizim, qui ont entendu les malédictions et les bénédictions d'Israël. Le temps est beau : nos vêtements sèchent un peu.

Le puits de Jacob nous arrête un instant. Il est rond et très profond : au-dessus on a construit deux petites voûtes, qui se croisent pour former une sorte de dôme à quatre parties. Près de ce puits, où l'on puise depuis plusieurs mille ans, s'est passée une des scènes les plus touchantes de l'Évangile. Les divines paroles du Christ viennent à notre mémoire · *Si scires donum Dei, et quis est, qui dicit tibi : da mihi bibere...*

Nous cueillons sur la voûte extérieure de petites fleurs rouges, jaunes et blanches, dont la vision douce et parfumée réveillera plus tard nos souvenirs. Remontés à cheval, nous contemplons le champ de Jacob. C'est une petite plaine où aboutissent quatre vallées séparées par quatre chaînes de montagnes. Nous nous engageons dans la vallée à droite.

Le soleil éclaire le paysage d'un pâle sourire. De gros nuages, qui passent comme nous en caravanes dans le ciel, ne nous présagent rien de bien rassurant. La route se termine brusquement dans la montagne. Les giboulées de pluie mêlée de grêle recommencent à fouetter nos manteaux déjà mouillés. Nos chevaux, dont les yeux ne sont pas garantis comme avec des brides françaises, tournent encore leurs croupes vers le vent et refusent de marcher. Ce sont les tribulations de la veille qui recommencent. Il fait si froid que par deux fois je suis obligé de descendre de cheval pour remettre un peu de sang et de chaleur dans mes pieds à moitié gelés. Nous chevauchons toujours, quand l'orage est moins violent. Vers onze heures et demie la pluie redouble et nous dérobe la vue des montagnes, qui offrent pourtant de magnifiques aspects. La faim et la fatigue se font de plus en plus sentir. Mais aucune maison ne s'offre à nos regards. Comment dîner sous la pluie? Pas un arbre ne s'offre à nos yeux, pas une grotte hospitalière ne nous montre son trou noir dans la montagne. Le secours nous vient sous la forme d'une tente, que nous trouvons plantée là dans la rocailleuse solitude. Elle semble n'appartenir à personne. Son toit en forme gracieuse de pavillon chinois nous invite à y entrer. Drogman, chevaux, ânes, moukres, voyageurs et voyageuses s'arrêtent.

Cette tente est la propriété d'une agence américaine et allemande. Son gardien consent à nous y loger une demi-heure.

On déballe le pain, les œufs durs et la viande froide et vite on se met à la besogne. Mais tous les voyageurs ont la danse de Saint-Guy. Impossible de rester immobile à cause du froid et de l'humidité de nos vêtements. Nous avons tous les pieds à moitié gelés : l'eau clapote dans nos souliers avec un bruit *sui generis*. Il faut se remuer, frapper des pieds, manger en dansant, chose que je n'avais encore jamais vue.

Un touriste allemand venant de Jérusalem avec sa fille et quelques conducteurs entrent bien couverts de leurs imperméables et de leurs chauds vêtements. Ils arrivent dans d'excellentes conditions : une voiture couverte les a conduits près de l'endroit où nous sommes. L'Allemand et l'Allemande ne peuvent s'empêcher de rire en nous voyant nous agiter et danser en mangeant : mais ils comprennent notre situation et se montrent fort aimables.

Vite, vite, à cheval : nous sommes à 45 kilomètres de Jérusalem. Sur le beau temps, il ne faut plus compter. Nos chevaux sont fatigués : nous ne pouvons guère arriver avant onze heures du soir.

Tout à coup, en avant de la caravane, où je me trouve, deux chevaux emballés portant des selles vides nous dépassent et s'enfuient vers Jérusalem. Nous avons reconnu les chevaux de deux pèlerins. Que s'est-il passé derrière nous? Comme nous avons retrouvé la route carrossable, nous galopons pendant deux kilomètres pour rattraper les chevaux, c'est en vain : car plus nous courons et plus les chevaux effrayés hâtent leur course. Enfin nous nous arrêtons et les animaux poursuivis nous imitent et s'arrêtent aussi. Nous sommes bientôt rejoints par le gros de la caravane. Il n'y a aucun grave accident de personne.

Au moment où la pluie redouble et où nous nous demandons si, fatigués comme nous le sommes, nous atteindrons tous le but du voyage, quelques voitures apparaissent!... Le bon Père Ignace prévoyant nos contre-temps a télégraphié de Naplouse à Jérusalem pour que ces voitures viennent à notre rencontre. Heureux télégramme ! Bon Père Ignace ! Bonne et très bonne Providence !

Nous montons dans ces voitures, nous sommes quatre pèlerins dans celle où je me trouve, tous bien mouillés et les souliers pleins d'eau. Nous tordons nos bas comme font les lavandières et nous vidons nos souliers de leur trop plein.

Nous avions espéré entrer à Jérusalem à cheval, les couffiehs arborés à nos chapeaux, triomphalement, pour rappeler les bannières des Croisés... Hélas ! Nous sommes empilés dans des voitures, nu-pieds, les vêtements trempés, et la pluie ne cesse de tomber, traversant les toiles trouées de nos véhicules. Horreur ! Nos triomphants couffiehs servent à envelopper nos pieds nus... Mais passons. La nuit est venue. Nous entendons les averses qui nous entourent de leurs bruissements grêlés.

Soudain on entend des cris partir de toutes les voitures. — Jérusalem ! Jérusalem !... — En soulevant les toiles humides des voitures, nous avons aperçu les lumières d'une grande ville. Jérusalem ! Nous chantons des cantiques. Jérusalem ! Nous oublions les fatigues et les dangers, nous arrivons à Jérusalem !

Heureuse dépêche du P. Ignace ! Sans elle, il est probable que la fatigue des pèlerins et des montures, la longueur de l'étape, l'hostilité persistante de la température, l'absence de tout secours et de tout abri, tout cela eût peut-être occasionné la mort de plusieurs d'entre nous. Mais nous n'avons jamais pensé au danger, nous étions les pèlerins du Christ, qui n'a pas trompé notre confiance (1).

Jérusalem, avril 1906.

La cité sainte est plus blanche et moins triste que je ne me l'étais représentée en imagination. Elle n'a que peu de développement, surtout à l'intérieur de ses vieilles murailles, pas de rues, mais des ruelles pavées serpentant entre des maisons rapprochées et qui semblent de chaque côté ne former qu'une forteresse continue. Les fenêtres sont rares et défendues par des barres de fer. Dans ces ruelles étroites, souvent couvertes de gros cintres en maçonnerie ou de toits quelconques, circulent des masses humaines, de langues et de nationalités aussi bigarrées que leurs costumes. Les pèlerins russes

---

(1) En terminant ce récit, qu'il me soit permis de féliciter respectueusement Mᵐᵉ Désassis et Mˡˡᵉ Husson, qui ont accompli avec nous cette dure traversée de la Samarie et qui ont montré au moins autant de courage que les hommes. Voici les noms des huit autres pèlerins : Un Père Dominicain, l'abbé Martin, M. Besse, M. Barbarin, M. Hémery, les deux Messieurs François et l'auteur de ces lignes.

sont les plus nombreux : on les reconnaît à leurs habits ternes et pauvres, comme aux têtes blondes et moustachues des hommes, qui portent de grosses casquettes de cochers ou des bonnets fourrés cylindriques et des sarraux noirs serrés par des ceintures.

Les figures des Juifs sont exsangues, au teint mat, encadrées de cheveux longs qui tombent en papillotes sur les tempes. Dans leurs yeux perçants s'unit un mélange de haine et de basse obséquiosité. Les prêtres grecs portent leurs cheveux tressés et toute leur barbe. En général ils ont de belles têtes, mais un regard noir et mauvais.

Turcs, Arméniens, Arabes, Cophtes, Abyssins, Égyptiens, Européens de toutes les origines et de tous les types, prêtres et moines de toutes les religions, femmes de toutes les couleurs et de tous les accoutrements se coudoient dans l'immense labyrinthe à coupole byzantine qu'on appelle le Saint-Sépulcre. Cette colossale construction, que soutiennent de hautes colonnes carrées, abrite le Calvaire où l'on monte par une trentaine de gradins, le Saint-Sépulcre où l'on pénètre en se courbant, et enfin mille chapelles, autels, lustres, tableaux, galeries, balustrades, où s'entasse, se mêle, se heurte, crie, chante, cause et prie tout un peuple composite et bizarre, qui circule entre deux haies de soldats turcs. Ceux-ci, regardant indifférents ou rêvant appuyés sur leurs fusils, préviennent, je ne dis pas le désordre, mais une trop grande effusion de sang. Les Cophtes et les Arméniens viennent de se battre à coups d'encensoirs : un instant après, les soldats turcs mettent fin à une autre bagarre en emmenant plusieurs jeunes gens.

Malgré la cacophonie qui retentit nuit et jour sous ces voûtes, malgré l'agaçante diversité des récitations d'office, des prières à haute voix, des chants de toutes provenances et de tous gosiers, malgré l'horrible brouhaha de cette foire des religions, la puissance des souvenirs est telle que tout l'être se sent remué quand on s'agenouille et qu'on embrasse le tombeau du Christ, la pierre de l'onction, le rocher du Calvaire : *hic est Calvariæ locus.*

En vain les ennemis du Christ, comme hélas ! ses amis, se sont ligués pour bouleverser, pour défigurer ce lieu, le plus saint de la terre ; en vain on a recouvert de marbre le roc où la croix du Christ fut plantée ; en vain on a taillé le rocher du sépulcre pour l'entourer d'un affreux édicule peinturluré et enlaidi encore par des lampes et des cierges aux formes et aux couleurs criardes, l'âme chrétienne est néanmoins tout entière soulevée dans un monde surnaturel, quand elle est en présence du tombeau vide, d'où Jésus est sorti vivant pour ne plus mourir. Elle chante un ineffable cantique d'action de grâces en l'honneur de Dieu qui nous a tant aimés et qui a voulu souffrir, mourir et ressusciter pour nous apporter la nouvelle du grand pardon et la certitude d'une vie éternelle.

Plusieurs fois nous sommes allés au Saint-Sépulcre et toujours avec des émotions nouvelles. Quelques lambeaux de vérités arrachées à l'Évangile de Jésus suffisent pour faire vivre une foule de religions disparates ; comment ne pas se sentir rempli de joies surnaturelles quand on possède, quand on contemple les splendeurs de la vérité pure et totale ?

Sur la terrasse de la Casa Nova, nous voyons se dérouler le panorama de Jérusalem. Vers le levant, le mont des Oliviers, dans la crudité de ses tons blancs et verts, se détache trop lumineux et trop près sur les fonds lointains et adoucis des montagnes de Moab, qu'une lumière étrange revêt comme d'un manteau de soie aux nuances violettes d'une richesse inouïe : c'est à droite des Oliviers, entre les monts du Scandale et du Mauvais-Conseil, que la vision des montagnes moabites apparaît là-bas derrière la mer Morte. Les yeux reviennent toujours vers la ville, dont les toits blanchâtres se découpent en carrés si rapprochés, qu'on en distingue les vives arêtes, mais non les intervalles qui les séparent.

A notre gauche, la masse géométrique de Notre-Dame de France montre ses fières constructions neuves, dont la situation et la richesse écrase le reste des édifices. Trois drapeaux tricolores et une grande statue de la Vierge surmontent ces monuments, qui nous donnent à nous Français des sentiments de fierté. Derrière Notre-Dame de France, un autre drapeau français flotte sur le consulat. Nous avons vu tout à l'heure le consul à la grand'messe du dimanche des Rameaux, très digne et très pieux, dans son brillant costume, dont l'aspect inspirait le respect à tous. C'est le protecteur officiel des chrétiens en Palestine : ces honneurs et ces respects allaient à la France, qui reste toujours, malgré ses erreurs et ses fautes, la fille aînée de l'Église.

Là-bas, entre Notre-Dame de France et le mont des Oliviers, un autre drapeau français surmonte une des pus belles églises de la ville : là est le monastère des Dominicains. Toujours en allant vers la droite, voilà devant nous l'esplanade du temple, où s'élève la mosquée d'Omar. Toutes les mosquées se ressemblent : chacune d'elles est un grand dôme bleuâtre posé sur un cube aux arêtes verticales, dont les lignes n'ont pas demandé aux architectes arabes grand effort d'imagination.

Plus près de nous, le dôme du Saint-Sépulcre émerge au milieu de cette mer de toits blancs et plats, où quelques rares clochers en pierres blanches indiquent la place de quelques églises. A droite, des tours carrées, dites tours de David, terminent brusquement la ville au-dessus de la vallée du Hinnon.

Autour de la cité sainte, des montagnes et des montagnes entassent dans les lointains leurs masses aux formes et aux couleurs diverses, où dominent plus près de nous les tons verts et blancs rosés, et plus loin, les teintes d'un violet indécis.

Un ciel d'Orient, plus riche en lumière et en couleur que nos cieux d'Europe, s'étend sur tout ce pays, où subsiste toujours, malgré les bouleversements et les destructions, l'antique Jérusalem, la cité de David et de Salomon, la ville sainte où est mort Jésus.

Bethléem, 6 et 7 avril.

Bethléem est bâtie en amphithéâtre dans un cirque, dont le creux se prolonge jusqu'à la mer Morte. Cette ville, où se multiplient les constructions modernes, est entourée de champs microscopiques aux teintes rouges ou blanchâtres, qui dessinent leurs taches carrées sur les pentes pierreuses. Là-bas, derrière la mer Morte, qui dort au fond de son large gouffre, on voit toujours se dresser les monts de Moab, dans leur manteau bleu-violet, dont les couleurs chatoyantes donnent à l'horizon leur éternelle fête de lumière.

C'est ici que le jeune David s'exerçait à manier la fronde en gardant ses troupeaux, et c'est dans une excavation de ces rochers que Jésus, fils de David, voulut naître à la vie humaine.

La basilique construite sur la grotte de la Nativité est très vieille et imposante par ses proportions : mais, comme le Saint-Sépulcre, elle est occupée par on ne sait combien d'hérétiques, qui nous en disputent chaque pierre. En 1873, les Grecs ont massacré sept religieux franciscains, croyant s'assurer la possession totale de l'église en exterminant ceux qui représentaient le culte catholique. Maintenant les soldats turcs veillent nuit et jour, fusil chargé, pour prévenir de nouveaux assassinats. C'est à côté de l'un d'eux que j'ai dit la sainte messe, à l'endroit où est né le Sauveur.

De l'hôpital fondé par les dames françaises pour les cancéreuses, on nous montre vers l'orient le champ où Ruth et Noémi glanaient. Vers le soir, le croissant montait à l'horizon.

> Et Ruth se demandait
> Immobile, ouvrant l'œil à moitié sous ses voiles,
> Quel Dieu, quel moissonneur de l'éternel été
> Avait en s'en allant négligemment jeté
> Cette faucille d'or dans le champ des étoiles ?

Beaucoup de champs sont encore gardés comme jadis par une tour fortifiée : car autour de la mer Morte, les Bédouins, vrais chacals de la civilisation, ont toujours rôdé, sans cesse aux aguets pour exercer leurs brigandages. Voilà le champ des Pasteurs ; dans l'air qui nous entoure, les anges ont chanté le *Gloria in excelsis Deo*, quand est né le petit enfant de Bethléem, qui devait sauver le monde. *Gloria in excelsis Deo*, gloire à Dieu sur les hauteurs, sur les sommets de toutes les âmes.

Jéricho. Le Jourdain. La mer Morte — 9 et 10 avril 1906.

Nous descendons en voiture vers Jéricho par la voie *d'adomim* ou la voie du sang, ainsi appelée à cause de la couleur rougeâtre de la terre ou plutôt à cause des nombreux assassinats qui s'y commettaient. Après une courte visite au prétendu tombeau de Lazare, nous continuons notre route. Nos voitures nombreuses soulèvent une longue traînée de poussière, qui serpente et charge l'air déjà trop lourd. Autour de nous la terre est rouge et les montagnes arides commencent à s'ouvrir non plus en vallées, mais en ravins profonds et abrupts. Partout la désolation. Nous avons la sensation de descendre vers un immense gouffre.

La chaleur s'accroît avec la descente. Les ravins trop à pic nous cachent les torrents qui sillonnent leurs abîmes. Des aigles et des cigognes passent dans le ciel, qui s'embrume un peu et qui nous dérobe dans le lointain la radieuse vision des montagnes de Moab.

Enfin, à nos pieds, une grande plaine se déroule. Le torrent du Karith est franchi sur un pont de bois. Tout autour de nous s'étend une végétation d'un vert cru et invraisemblable. Jamais je n'avais vu une verdure si vive. Tous les arbres et toutes les plantes des tropiques croissent ici en pleine terre. Les bananiers portent déjà leurs régimes de bananes vertes au-dessus d'une boule ovale d'un noir velouté. La plaine est couverte ou de moissons ou d'arbustes divers comme semés à distance égale les uns des autres. Mille bruits annoncent qu'une multitude d'insectes et d'oiseaux vivent dans cette étrange oasis, où fut Jéricho, la ville dont les Hébreux abattirent les murailles au son de leurs trompettes.

Vers le soir je m'égare seul dans une sorte de savane, où je vois une foule d'oiseaux de couleurs bizarres, qui crient et voltigent, cherchant leur abri nocturne. Les buissons sont tous plus épineux et plus méchants qu'en France. Bien qu'ils me piquent et me volent même la moitié de ma ceinture, je me trouve heureux de rêver dans l'ombre tiède, de me sentir seul, perdu dans ces lieux où passèrent Moïse et le Christ, dans celte solitude où tout est extraordinaire, le ciel, l'air, les plantes et les montagnes : j'éprouvais l'impression d'être transporté sur une terre nouvelle, dans un monde mystique, très ancien, où les passés revivaient en souvenirs tristes et pourtant très doux.

Toute la nuit suivante, nous avons eu le sauvage concert des chacals, des geckos, des rainettes et d'autres bêtes inconnues, dont la musique monotone continuait toujours dans la chaude obscurité.

Le soleil du lendemain illumine à l'ouest les pentes orientales des monts de la Quarantaine, où l'on croit que se retira le Sauveur. Au levant, la chaîne massive des monts de Moab se distingue à peine des nuages. Nos voitures partent vers l'est, et bientôt la plaine s'appauvrit autour de nous. A une oasis luxuriante succède un désert de boue desséchée. Des dunes de terre blanche semblent porter à leurs sommets des forteresses façonnées dans ces mamelons : il est difficile d'expliquer comment les effritements successifs des siècles ont dessiné ces courtines et ces bastions naturels au haut de ces monticules. Fantômes de forteresses, qui s'obstinent à garder du côté de l'orient une terre, qui pourtant n'est plus la terre promise !

Autour de nous le sol redevient fertile comme par enchantement. Pommiers de Sodome, azeroliers, tamaris, peupliers blancs, roseaux gigantesques forment une sorte de forêt vierge, où jasent, sifflent, chantent ou roucoulent les colombes, les grives bleues, les rossignols et une foule d'autres oiseaux, dont le chant et le plumage nous sont inconnus. Un gros torrent d'un jaune gris roule rapide sous des voûtes de verdure : c'est le Jourdain. Nous dressons un autel : un prêtre dit la sainte messe. L'heure est encore matinale et nos prières se mêlent, dans cette mystique solitude, aux concerts des oiseaux et à tous les bruits d'eaux qui viennent du fleuve sacré. — En voiture pour la mer Morte !... Notre cocher, comme d'habitude, nous fait partir les premiers. Comme d'habitude aussi, il laisse bientôt passer devant nous toutes les autres voitures de la caravane, ce qui est fort agaçant : car pèlerins et pèlerines nous raillent en nous devançant. Les plaisanteries des vieilles filles sont naturellement les plus spirituelles.

Comme d'habitude encore, notre cocher nous empeste... parfums d'Orient. Mais il ne s'en tient pas là. Après avoir franchi un petit marécage plein de vase, il met pour la première fois ses chevaux au galop. La force centrifuge détache de nos roues sans garde-crottes une grêle d'éclaboussures jaunâtres, qui retombent sur nos habits.

Peu après nous descendons au bas d'une sorte de dune, très raide à escalader et nous reprochons à notre cocher sa sottise en montrant nos vêtements boueux. Il éclate de rire et nous ne parvenons à calmer les accès de sa joie qu'en lui criant : backchich, et en faisant des gestes qui lui disaient : tu en tiens du backchich, vilain moricaud.

Nous voici sur un rivage caillouteux, au bord de ces eaux, que nous voyions depuis longtemps. Autant le Jourdain est trouble et jaunâtre, autant la mer Morte est limpide. Ces ondes transparentes prennent toutes les couleurs du ciel. Elles dorment là, entre les monts de Moab et de Thécué, gardant sous leurs profondeurs les villes coupables englouties pour jamais. De petites vagues claires clapotent sur les rives, où n'apparaît aucune vie. Pas un oiseau, pas une plante, pas même un coquillage, partout la mort et sa désolation. Cette mer est un désert liquide, au milieu d'un autre désert de terre calcinée, que chaque jour viennent ronger les vents et le soleil. Nous goûtons cette eau redoutée de tout ce qui est vivant, en approchant la langue de notre doigt mouillé : c'est assez pour nous empoisonner la bouche. Alors, en songeant à l'affreux cataclysme dont cet immense gouffre fut le témoin, nous errons sur le rivage et nous recueillons quelques cailloux noirâtres, seuls souvenirs que l'on puisse emporter de ces lieux maudits.

Visite au couvent de Kouziba.

Aussitôt après midi, nous partons à pied de Jéricho, quatre pèlerins, pour visiter le monastère de Kouziba, peut-être le plus vieux du monde. Sous un soleil de feu nous nous hâtons jusqu'à un torrent, que nous traversons nu-pieds avec de l'eau jusqu'aux genoux. Bientôt un étroit sentier nous conduit le long des parois gigantesques d'une montagne à pic. A notre gauche, dans l'abîme, le torrent que nous avons traversé se voit par intervalles. Nous cuisons dans ces roches blanches, où la chaleur est concentrée. Le bain de pieds que nous avons pris, la vitesse de notre marche, le soleil qui brûle, tout contribue à nous faire monter le sang à la tête. D'un moment à l'autre je m'attends à tomber frappé d'une insolation. Nous étions si rouges que nos yeux s'injectaient de sang. Enfin les parois verticales de la montagne nous montrent des ouvertures en forme de fenêtres et de portes. Sans former aucun relief le long des flancs de la roche colossale, le couvent y semble creusé comme une grotte, dont l'ouverture est murée. Il est accroché là depuis seize cents ans. Six moines y vivent reclus entre le ciel, que l'on voit à peine, et la terre, dont l'aspect est partout effrayant.

Encore à Jérusalem. Visite à la mosquée d'Omar.

Un homme a rêvé d'enclore dignement le centre de l'ancien temple juif, le lieu le plus sacré de tout le monde ancien. Comme il aimait le beau et qu'il pouvait disposer de montagnes d'or, de marbres rares et de pierres précieuses, il dessina d'abord d'harmonieux portiques à colonnes, où se fondirent en s'idéalisant tout ce que les Grecs, les Romains et les Juifs avaient produit de plus merveilleux. Sur ces bases légères, il fit monter dans les airs son édifice qu'une coupole immense devait couronner. Tout fut revêtu d'or et de pierreries : les joyaux transparents formèrent par leur assemblage des vitraux, qui embellissaient jusqu'aux rayons du soleil. Chaque pierre fut choisie et placée avec un soin exquis, dans des mosaïques qui ravissent les yeux sans les blesser par leur éclat. Tout cet ensemble brille sans étinceler et forme une sorte de rotonde ouvragée et gracieuse; nous y entrons : nous sommes ravis en extase : les Musulmans doivent s'y croire en paradis.

A Gethsémani, le soir du jeudi-saint, 12 avril 1906.

Le soir du jeudi-saint nous partons en silence dans les ténèbres pour nous rendre à Gethsémani et nous passons par ces sentiers rocailleux, qui sont obstrués pendant le jour par les lépreux aux voix lamentables comme leur misère. Nous voulons nous isoler et méditer dans la grotte où le Sauveur a souffert son horrible agonie. Ce sanctuaire, qui garde depuis près de deux mille ans les plaintes du Christ, est occupé par un religieux, qui débite un sermon quelconque, et par de prétendus artistes, qui bientôt chantent en partie le *stabat* avec force trémolos et roucoulements gutturaux. Je m'enfuis pour errer seul dans le jardin de Gethsémani. A la lueur de quelques lanternes, je vois qu'il est plein d'une foule qui circule, au milieu de petits carrés de fleurs mignardement soignés. Un autre Père prétend expliquer la passion du Christ et il fleurit l'Évangile, comme on a fleuri, ô Jésus, le lieu triste et sacré où ton âme humaine a tant souffert.

Nous rentrons dans la ville par le sentier que suivit Jésus trahi et enchaîné. La lune se lève rouge au-dessus des monts de Moab, éclairant les vallées profondes par où les torrents s'en vont à la mer Morte. C'est par une nuit semblable que Jésus entra dans Jérusalem, pour n'en sortir que chargé de sa croix. Sa mère devait être à

Béthanie, que la lune nous montre maintenant sur les pentes méridionales des Oliviers. Jésus dut souffrir deux fois sa passion en songeant aux douleurs de sa mère.

Le lendemain, pendant que nous faisions, aussi nous, le chemin de la croix par la *voie douloureuse*, on nous a montré le lieu où Marie vit passer Jésus conduit au dernier supplice. La femme, la vierge, la mère complète la passion de son fils en y ajoutant plus de douleurs et plus de tendresses. Jamais l'esprit de l'homme n'ira jusqu'au fond de ces divins abîmes.

D'affreux Turcs en procession, qui battent du tambour et des cymbales, passent à côté de nous, hurlant et agitant des cimeterres et d'autres armes : défilé à la fois terrible et grotesque, comme la religion même de Mahomet.

De Jérusalem à Jaffa, 16 avril 1906.

Passer en chemin de fer dans le pays où les Hébreux et les Philistins se sont livrés bataille, où Samson s'est illustré, où David a vaincu Goliath ! — Messieurs, vos billets !... En voiture, les voyageurs pour Jaffa ! — O ironie des temps ! Il est des progrès qui semblent pour les vieux souvenirs une sorte de profanation.

En Égypte, les 17, 18, 19 et 20 avril.

Nous arrivons à Port-Saïd à bord d'un bateau russe, dont le commandant a eu pour nous les plus délicates attentions.

De Port-Saïd à Ismaïlia, le chemin de fer et le canal de Suez suivent une ligne parallèle et si rapprochée que des trains et des bateaux on peut se saluer et se parler en passant. Nous croisons plusieurs vaisseaux russes chargés de troupes revenant de Mandchourie : les soldats, qui encombrent les ponts et les mâtures, nous saluent de leurs hourras !

D'Ismaïlia au Caire, trois affreuses négresses richement habillées montent dans notre compartiment : elles ont sur le nez une grosse bobine dorée où se relient les fils qui retiennent l'attirail de leur coiffure. Nous avons vu depuis que les dames égyptiennes portent presque toutes cet ornement (!), qui est d'un grotesque inimaginable. De même que la Grèce fut la terre classique de la beauté, l'Égypte fut toujours la terre préférée de la laideur.

Égypte, terre d'oppression où l'on étouffe ! Des plaines plates coupées de canaux, et encore des plaines semblables : et l'on sent que dans ces immensités cultivées, comme dans les déserts qui les entourent, c'est la misère et l'abaissement de la race humaine.

Au Caire, nous visitons le musée, le fameux musée, qui contient ce que tant de vieilles générations ont laissé depuis des mille ans : ce n'est qu'un assemblage de momies et de cercueils plus ou moins bizarres.

Les pyramides ne sont chacune d'elles qu'un monstrueux entassement de pierres sur un tombeau contenant la momie de quelque odieux malfaiteur de l'humanité. Ce sont d'énormes monticules carrés et pointus, dont les arêtes se rencontrant trop tôt dans le ciel donnent à la base un évasement démesuré. C'est lourd, laid et immortel, comme la sottise des hommes.

Pendant quelque cinquante ans, le monstre, dont la loque desséchée a été déposée sous ces pierres, a tenu sous les fouets des milliers et des milliers de malheureux toujours remplacés par d'autres, à mesure que la souffrance et la mort éclaircissaient leurs rangs.

Dans toutes les constructions de l'ancienne égypte, ne cherchez pas une idée de vraie grandeur, pas plus qu'un vrai sentiment esthétique : de lourds colosses de pierres en formes de momies effroyablement soufflées et pétrifiées, voilà les types ordinaires que l'on découvre. J'oubliais les momies des scarabées, des chiens et des chats, et les cénotaphes élevés à la mémoire des vaches Hatron et des bœufs Apis..... Pourquoi les savants ont-ils déchiré la terre et exhumé ces horribles témoignages de la folie humaine ? Soldats, du haut de ces pyramides quarante siècles vous contemplent ! disait Bonaparte. C'étaient quarante siècles d'asservissement, de misère et de ridicules superstitions.

Ce qui surnage encore dans l'histoire d'Égypte, c'est la servitude des Hébreux, l'assassinat de Pompée et les extravagances de Cléopâtre : ce sont aussi les héroïques défaites de saint Louis, et enfin le doux souvenir, le seul vraiment gracieux et consolant, le souvenir du passage de Jésus, de saint Joseph et de la très sainte Vierge.

Qu'il me soit permis de terminer ces rapides récits par une simple réflexion. — Pour qu'un pèlerinage en Orient procurât une gradation logique de sentiments et d'impressions, il faudrait — ce qui d'ailleurs n'est guère possible — commencer par entrevoir l'Égypte, visiter aussitôt Constantinople, qui n'est qu'une sorte d'Égypte plus moderne, voir ensuite la Troade et la Grèce, où l'humanité s'est déjà élevée à de plus nobles conceptions, finir enfin par la Galilée et la Judée, où les pensées comme les souvenirs sont d'essence plus haute et dominent d'autant plus les premiers sentiments que les choses du ciel surpassent celles de la terre.